はじめに
……大自然を感じる旅に出かけよう……

　世界には、目を見張るほど美しく、おどろきに満ちあふれた、さまざまな「絶景」があります。
　自然現象によってできた景色には、どのようにして生まれたのか、形を変えてきたのかなど、長い年月を経た成り立ちや歴史がたくさんつまっています。
　2巻目では「水」をテーマにした絶景を紹介しています。見たことのない色あざやかな湖や、巨大な鉱物でおおわれた洞窟のひみつなどの疑問を、科学的な視点から解き明かします。
　行きたい！　知りたい！　びっくり！　するような絶景をめぐる旅に出かけましょう。

監修／井田仁康 筑波大学名誉教授

水の絶景マップ

運城塩湖 37ページ

七ツ釜洞窟 15ページ

鳴門のうずしお 44-45ページ

フィンガルの洞窟 15ページ

青の洞窟 15ページ

パムッカレ 28-29ページ

ダロル窪地 42-23ページ

ナトロン湖 36ページ

ヴィクトリアの滝 19ページ

ユーラシア大陸

アフリカ大陸

インド洋

ハロン湾 47ページ

オーストラリア

日本

ソンドン洞窟 22-23ページ

ヒリアー湖 35ページ

グレート・バリア・リーフ 26-27ページ

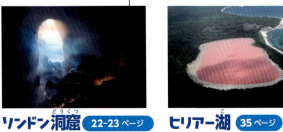

地下にひしめく、超巨大な柱!?

クエバ・デ・ロス・クリスタレス
メキシコ

**きらきらかがやく巨大な結晶の柱。
その大きさの前では、人も小人のよう。**

クエバ・デ・ロス・クリスタレスは、メキシコ北部ナイカ鉱山の地下300mにある洞窟です。長さ約27m、はば約9mの洞窟内部は、「セレナイト」という鉱物の結晶でうめつくされ、「クリスタルの洞窟」ともよばれています。

氷のような見た目とは反対に、洞窟の中は50度以上の高温と、100％以上の湿度で熱中症になるほどの暑さです。体を冷やす防護服を着ても短い間しかすごすことができません。

ナイカ鉱山は、鉛や銀を算出する鉱山。クエバ・デ・ロス・クリスタレスは2000年に、鉱石の採掘中に発見された。鉱山内にはこれ以外にも小さな結晶でつくられた洞窟がいくつか点在している。

大小さまざまな結晶がつまった洞窟内部

**地面から天井まで
びっしりと結晶におおわれた
クエバ・デ・ロス・クリスタレス。
もっとも大きな結晶の柱の長さは
11mをこえる。**

　ナイカ鉱山は発見された当初、マグマの熱で
あたためられた地下水に満たされていました。
　1985年に、鉱石をほり出そうとした鉱山の
労働者の手によって水をくみ上げたところ、中
には結晶がびっしり生えた洞窟があることが
わかったのです。

洞窟のかべは、びっしりと小さな結晶でおおわれている。

巨大結晶はどのようにできた？

洞窟内には、長さ11.4mもあるもっとも大きな結晶の柱をふくめて、記録されているものでも約150本の結晶があるといわれています。

洞窟にたまっていた地下水には、「硫酸カルシウム」という成分が溶けていました。硫酸カルシウムは、58度で結晶になり、この結晶を「セレナイト」といいます。約60万年前に洞窟内にたまった地下水の温度が下がったことでセレナイトがつくられ、どんどん成長し、洞窟が発見されるまでに巨大化していたのです。

セレナイトは石膏の一種です。石膏は、骨折したうでを固めるギプスや薬などに使われています。

大きな結晶の柱がかべからつき出るように生えている。太さは、大人の身長ほどもある。

洞窟内でもっとも大きな11.4mの結晶の柱。

小学3年生（130cm）

セレナイトは、見た目はかたそうだが、とてももろく、ブーツのくつ底や指のつめでさえ、キズがついたり、けずれてしまう可能性がある。そのため、洞窟へは自由に入れないようにドアが設置されており、許可制で入る人数も制限されている。

ゆげが立ちのぼる、大きなにじ色の泉⁉

「グランド・プリズマティック・スプリング」とは、「大きなにじ色の泉」という意味。泉の色は季節や時間帯によって見え方が変わり、夏はオレンジ色がこく、冬は緑色がこくなるなど、ちがった景色が楽しめる。

グランド・プリズマティック・スプリング
アメリカ

青色から緑色、黄色からオレンジ色と、中心から外へ向かって広がる輪。
その色は、泉の中にいる生き物によってつくられる!?

　アメリカ北西部のイエローストーン国立公園は、1872年に世界で初めて国立公園に指定された、アメリカでもっとも大きな公園です。その公園にあるのが「グランド・プリズマティック・スプリング」という大きな泉です。

　直径約113mの泉は、中心から青色、水色、緑色、黄色へと色が変化しているのが特ちょうで、泉の中にいる「バクテリア」という微生物が色をつくり出しています。泉からは最高87度の熱水が、つねにわき出ています。

9

絵の具を広げたパレットのようなあざやかな色！

グランド・プリズマティック・スプリングを真上から見たところ。青色から黄色の美しいグラデーションが見える。

色のひみつは、温度によってすみ分ける微生物！

グランド・プリズマティック・スプリングには、熱湯の中でも死なない微生物（バクテリア）がいます。水温によって、ちがう種類のバクテリアが生息しているので、内側から外側へ向かって温度が下がっていくのに合わせて、バクテリアの種類も変わり、色が輪のように広がっているのです。

泉の中心部は熱湯の温度が高いのでバクテリアが生息できず、太陽光がさしこんで青く見えます。

グランド・プリズマティック・スプリングの断面を見てみよう！

イエローストーン国立公園には、グランド・プリズマティック・スプリングをはじめとした温泉や間欠泉が集まっています。地下深くにはマグマがあり、そのマグマにあたためられた熱水が地表にわき出るのが温泉、地表に近づいたことで圧力が下がり、いきおいよくふき出すのが間欠泉です。

10

ぶくぶくあわ立つ、どろの間欠泉

マッドボルケーノ

ボコボコと不気味な音を立てながらガスや水蒸気と、どろがふき出す間欠泉。泉の直径は約10m。周辺は、卵がくさったような、強い硫黄のにおいがただよう。

イエローストーン国立公園は熱水活動の宝庫！

イエローストーン国立公園は、四国のおよそ半分、面積約9000平方kmほどの、アメリカ最大の国立公園です。公園の地形は火山活動によってつくられたものです。噴火活動は64万年前以降おきていませんが、地中ではまだ活動が続いており、公園のあちこちに温泉や間欠泉があります。

白い石灰の段だん畑

マンモス・ホット・スプリングス

温泉からふき出す熱湯にふくまれる、炭酸カルシウムという成分が固まってできた石灰岩が、段だん畑のように連なっている。「テラスマウンテン」ともよばれている。

ふき出す熱湯の高さ55m！

オールド・フェイスフル・ガイザー

イエローストーン国立公園内にあるもっとも有名な間欠泉。およそ90分に1度の間かくで蒸気と熱湯をふき上げ、最高55mにおよぶこともある。

11

レースのように重（かさ）なった青（あお）いマーブルもよう

マーブル・カテドラルは、大理石特有（だいりせきとくゆう）のしまもようが美しい洞窟（どうくつ）。洞窟の神秘的（しんぴてき）なふんいきから大聖堂（だいせいどう）にたとえられ、名前（なまえ）がつけられた。

マーブル・カテドラル
チリ・アルゼンチン

**大理石の岸壁が水の力でけずられてできた洞窟の中。
湖の光が反射してきれいな青色のしまもようがかがやく。**

チリとアルゼンチンにまたがるヘネラル・カレーラ湖※の岩の島とその岸壁には、青くかがやく洞窟があります。マーブル・カテドラル（大理石の大聖堂）とよばれる洞窟は、その名のとおり、大理石でできています。うすく青みがかった大理石に加え、透明度の高い水に太陽光の青い光が反射して、洞窟内が青色にそまっています。青色のこさは、時間によっても変わります。

※ヘネラル・カレーラ湖はチリでの名前、アルゼンチンではブエノス・アイレス湖とよばれる。

湖面から見ると、岸壁からつながった大きな灰色の岩の根元は、波にけずられ、たくさんの穴があいた複雑な構造になっている。その穴がマーブル・カテドラルの入り口。この大きな岩のほかにも島の岸壁には同じように洞窟ができている。

マーブル・カテドラル洞窟の正体は⁉

岩の根元が洞窟に！

洞窟は大きな岩の根元にあいた、たくさんの穴。
穴は湖でおきる波によって岩がけずられてつくられた。

マーブル・カテドラルはどうやってできたの？

マーブル・カテドラルは、風がふいて湖におきた波が地層の弱い部分をけずる侵食、「波浪による侵食」によってつくられました。洞窟は波が特定の場所をけずり進むことでできました。

マーブル・カテドラルは現在の形になるまでに約6000年以上かかったと考えられています。

岩に波がぶつかり続ける。

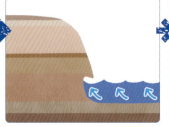
波が少しずつ岩をけずる。

岩に空洞（洞窟）ができる。

「波浪による侵食」の洞窟いろいろ

マーブル・カテドラルのほかにも、「波浪による侵食」でできた世界の洞窟を見てみよう！

青の洞窟 イタリア

洞窟の中は青一色！

イタリア南部、ナポリの沖にうかぶカプリ島のがけにあるのが、世界でもっとも有名な海食洞の「青の洞窟」です。

海食洞とは、海の波が地層をけずってできた洞窟のことです。

洞窟の中が青いのは、太陽光が透明度の高い海水を通して海底に反射し、洞窟内を青い光で満たしているためです。

洞窟内は半分水につかっていてせまいため、手こぎボートで入ります。

フィンガルの洞窟 イギリス

六角形の柱がならぶ洞窟

スコットランド西岸沖にうかぶスタファ島にあるのが、「フィンガルの洞窟」です。規則正しくならぶ六角形の石柱は、「柱状節理*」といいます。はげしい波が打ちつけて岩をけずり、大きな穴をあけ、洞窟の中には波の音がひびきわたります。

*溶岩がゆっくり冷えて固まるときにできる柱のような割れ目。断面が六角形など規則的にならぶのが特ちょう。

日本にもある海食洞

日本でも数多くの海食洞が見られますが、佐賀県唐津市の「七ツ釜洞窟」は、国の天然記念物にも指定されている、日本の有名な海食洞です。波のはげしさで知られる、玄界灘の荒波にけずられてできた洞窟は、七ツ釜という名前のとおり、7つの洞窟がならんでいます。

洞窟はもっとも大きな入り口が3m、奥行きが110mあります。

七ツ釜洞窟もフィンガル洞窟と同じ柱状節理が見られる。

15

2つの国にまたがる大瀑布！

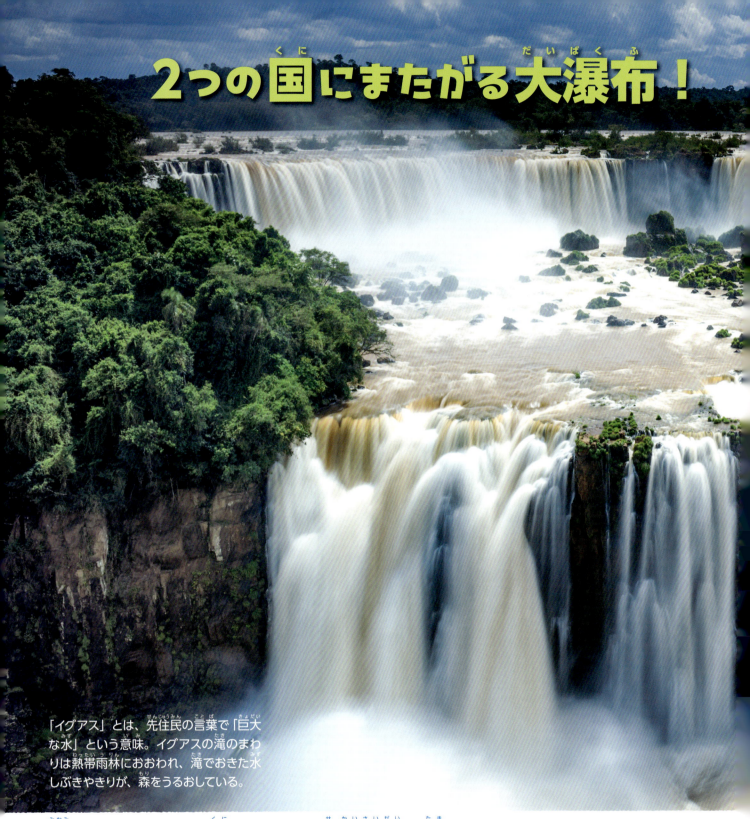

「イグアス」とは、先住民の言葉で「巨大な水」という意味。イグアスの滝のまわりは熱帯雨林におおわれ、滝でおきた水しぶきやきりが、森をうるおしている。

南アメリカの2つの国にまたがる世界最大の滝。
滝のはばは2kmをこえ、すさまじい音とともに水が流れ落ちる。

大小約300の滝が一つに集まる

イグアスの滝があるイグアス国立公園は、アルゼンチン、ブラジルの2つの国の国境が接する場所にあります。公園の中心にあるイグアスの滝は半円形で、はば2.7km、水の落ちる高さは80mにおよびます。水量の多いときには約300の滝が連なり、ごう音と滝が見えなくなるほど水しぶきが上がる絶景が見られます。

イグアスの滝
アルゼンチン・ブラジル

滝はどうやってできるの？

　イグアスの滝は、1億年以上前にできた玄武岩*の台地にできています。川は水が高いところから低いところへ流れることで生まれます。そして、川の水に運ばれた岩や石で地層がけずられ、滝つぼができます。さらに、下の地層が上の地層を支えられなくなり、くずれ落ちると、水が真下に落ちて滝ができます。

　イグアスの滝は現在も侵食によってけずれ、上流に後退を続けています。

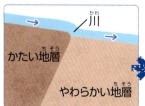

川の流れでやわらかい地層が少しずつけずられる。

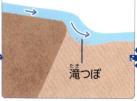

川の水が運ぶ岩や石で、さらに地層がけずられ、滝つぼができる。

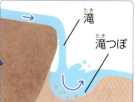

上の地層がけずられ、水が真下に落ちるようになり、滝ができる。

＊火山岩の一種で、火山活動によりマグマが急激に冷えて固まった、こい灰色や黒色をしている。地球の表面でもっとも多く見られる岩石の一つ。

17

979mの落差から落下する水！

エンジェルフォール
ベネズエラ

山の頂上から流れ落ちる水は、地上に着くまでに消える!?
落差世界一の滝

ベネズエラのギアナ高地にあるアウヤン・テプイ山の頂上から流れる滝がエンジェルフォールです。979mの高さから水が落ちる、世界一落差*のある滝として有名です。あまりの高さに、流れた水はとちゅうで細かい水のつぶに変わり、きりのように広がってしまうので、滝の下に滝つぼはありません。

*水が流れ落ちるときの上から下までの水面の高さの差。

滝の落差くらべ
世界と日本の滝の落差をくらべてみよう。

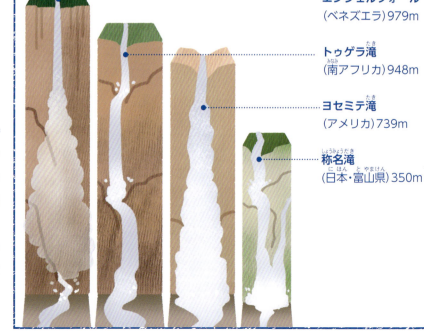

- エンジェルフォール (ベネズエラ) 979m
- トゥゲラ滝 (南アフリカ) 948m
- ヨセミテ滝 (アメリカ) 739m
- 称名滝 (日本・富山県) 350m

ヴィクトリアの滝
ジンバブエ・ザンビア

はば約1.7kmの巨大な地面の割れ目に飲みこまれる水流。

ジンバブエとザンビアの国境にあるヴィクトリアの滝は、イグアスの滝（16-17ページ）、ナイアガラの滝（アメリカ・カナダ）とともに、「世界三大瀑布」とよばれています。

約1億8000万年前におきた火山の噴火で流れた溶岩が、固まるときにできた割れ目に、国境を流れるザンベジ川の水が流れこみ、巨大な滝になりました。

大量の水の行く先は大地のさけ目！

現地の人からは「モシ・オア・トゥニャ（雷鳴がとどろく水煙）」とよばれている。滝のはげしい水音が雷の音のように聞こえることから名づけられた。

19

まるで山のような、

船の行く手をはばむようにそびえ立つ氷のかべ。その正体は全長約30km、高さ約60mの氷河の先端だ。

生まれてはくずれる「生きた氷河」

アルゼンチンのロス・グラシアレス国立公園は、スペイン語で「氷河国立公園」という意味です。公園内にはいくつもの氷河があり、その中の一つがペリト・モレノ氷河です。

氷河の上面は、とげが連なり、でこぼことした山になっています。水上に見えている高さは約60m、水面下には、その倍以上の氷河がかくれています。そして、長さは全長約30km、はばは約5kmにもなります。現在も年間700mの速度で氷河は成長しているといわれています。

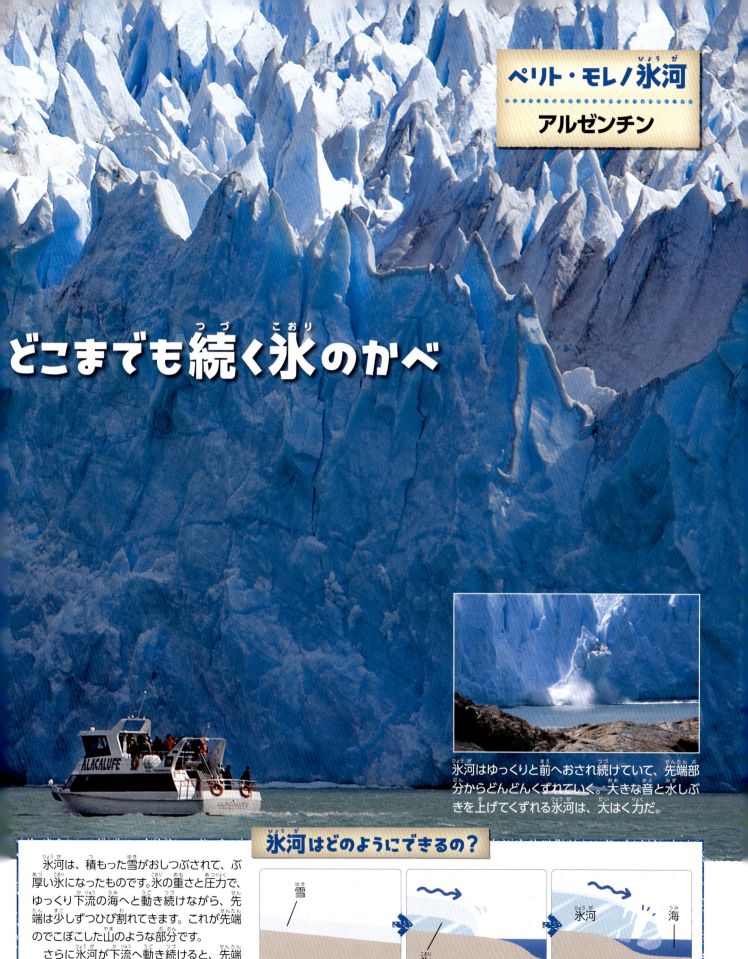

ペリト・モレノ氷河
アルゼンチン

どこまでも続く氷のかべ

氷河はゆっくりと前へおされ続けていて、先端部分からどんどんくずれていく。大きな音と水しぶきを上げてくずれる氷河は、大はく力だ。

氷河はどのようにできるの？

氷河は、積もった雪がおしつぶされて、ぶ厚い氷になったものです。氷の重さと圧力で、ゆっくり下流の海へと動き続けながら、先端は少しずつひび割れてきます。これが先端のでこぼこした山のような部分です。

さらに氷河が下流へ動き続けると、先端の割れ目からくずれ、バラバラになったり、大きなかたまりは氷山＊になったりします。

雪が積もる。　　おしつぶされて下から氷になる。　　下流の海へ動き出し、先端は割れてくずれる。

＊氷河などから分離して海上にうかぶ氷のかたまり。大部分が水中にかくれ、水上に見えるのは一部分だけ。

高層ビルもすっぽり入る大きな空間

ソンドン洞窟
ベトナム

ベトナムの秘境にある世界最大級の洞窟。
長さ4km以上におよぶ洞窟内では
さまざまな生成物がつくられる。

光がさしこむ巨大ドーム

ソンドン洞窟は、ベトナム中部のフォンニャ＝ケバン国立公園にある洞窟です。洞窟内部は、天井の高さが240mもある広い空間が点在していたり、「ドリーネ」とよばれるすりばち状のへこみから、洞窟の天井がくずれてできた大きな穴があったりするなど、さまざまな絶景を見ることができます。

雨水が地層にしみこみ、水に溶けた鉱物の成分が固まることでできる「石筍」や「鍾乳石」など、洞窟でつくられる生成物も見ごたえがあります。

洞窟ってどんなところ？

洞窟は、がけや岩などにできた、ほら穴や地下の空間のことで、洞穴ともよばれます。自然にできる洞窟でもっとも多いのは、石灰岩の中にできる洞窟で、鍾乳洞とよばれます。ソンドン洞窟も鍾乳洞の一つです。

水に溶けた石灰質が固まってできる生成物にも、さまざまな種類があります。

ドリーネ
雨水で石灰岩が溶かされたり、地中の石灰岩が水で溶けて地面が陥没したりしてできた、すりばち状のへこみ。

鍾乳石
石灰が溶けた水が天井からしたたり、つららのように固まった石。

石柱
鍾乳石と石筍がくっついてできた柱。

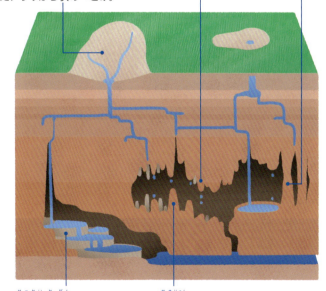

石灰華段
石灰が固まってできたダムが、何段にも連なって棚田のようになった場所。

石筍
石灰が溶けた水が床に落ち、蒸発して残った石灰が、たけのこ（筍）のように固まった石。

ソンドン洞窟は、2009年にイギリスの調査隊が本格的な調査を始めるまで、現地の人しか知らない未開の洞窟だった。そのため、発見された後も、まだ調査されていない洞窟が数多く残っている。

光のさしこむ水中、

数あるセノーテの一つ「チャック・モール・セノーテ」の水中洞窟。セノーテにふりそそぐ光が、幻想的な景色をつくり出している。

森の中にあいた大きな穴は、地下の水中洞窟につながる入り口。
穴の下に広がっているのは……。

メキシコ湾とカリブ海の間につき出たユカタン半島には、「セノーテ」とよばれる泉が約3500も点在しています。

セノーテの下には水中洞窟が広がっていて、海につながっているものもあります。ダイビングスーツを着てもぐることができますが、入り組んだ洞窟で迷わないように命づなをつけます。

24

セノーテ
メキシコ

およいで見る絶景

セノーテはどうやってできたの？

ユカタン半島は、むかし海だったため、海の生き物の死骸などがたまってできた石灰岩の地層です。地殻変動によってユカタン半島が陸地になった後、雨水が地層にしみこんで石灰岩をけずり（侵食）、洞窟ができました。さらに天井がくずれて穴（ドリーネ）ができました。

そして、約1万5000年前に氷河期が終わると、地球の海面が上昇して地下水の水位が上がり、洞窟は水没。大きな穴も水で満たされて、セノーテができました。

雨水が地層にしみこみ、割れ目やへこみができる。

割れ目やへこみにさらに雨水が流れこみ、侵食が進む。

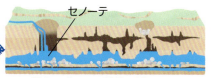
水位が上がり、洞窟は水で満たされ、セノーテになる。

美しいエメラルドグリーンの

サンゴ礁はプランクトンなどが豊富で、さまざまな海の生き物のすみかとなる。グレート・バリア・リーフでは、アオウミガメなどの絶滅危惧種も多く見られる。

海に広がるエメラルドグリーンのあみ目もようはサンゴ礁。
グレート・バリア・リーフは世界最長、全長約2300kmの海の生き物の楽園。

生き物によってつくられた海

グレート・バリア・リーフは、オーストラリア北東の海岸に広がるサンゴ礁です。全長約2300km、総面積約35万平方kmの広さは、世界自然遺産の中でも最大の規模をほこります。

グレート・バリア・リーフは、大小約3000ものサンゴ礁が集まってできています。サンゴ礁はサンゴなどの死骸が積み重なってできた地形です。こうした地形は1800万年もの時間をかけて形成されます。

グラデーション！

グレート・バリア・リーフ
オーストラリア

サンゴ礁はどうやってできるの？

　サンゴ礁が形成されるきっかけは海にできた火山（火山島）です。火山が海面上に隆起し、そのまわりの浅い海には、サンゴ礁（裾礁）ができはじめます。
　活動がおさまった火山は冷えて波にけずられ、海にしずんでいきますが、海岸線にそってできたサンゴ礁は残ります（堡礁）。
　火山島が海面の下にしずんでも、サンゴはさらに成長を続け、小さなサンゴ礁の島が輪のように残ります（環礁）。

火山のまわりに裾礁ができる。
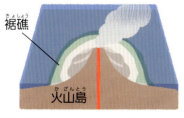

火山が海にしずみはじめ、堡礁ができる。

火山島がなくなり、環礁ができる。

27

青い水の段だん畑!?

グローワーム洞窟
ニュージーランド

洞窟の天井には、星空のような青い光がかがやく。

光の正体は、発光する生き物

ニュージーランド・北島のワイトモにはいくつかの洞窟が点在しています。先住民マオリ族の言葉で「ワイ」は水、「トモ」は穴という意味で、名前のとおり地下水が流れる洞窟です。その中でもグローワーム洞窟は青く光る天井が有名です。

青い光の正体は、洞窟にすむグローワームです。日本ではヒカリキノコバエという虫の幼虫で、ツチボタルとよばれます。ツチボタルはおしりの先を発光させ、その光に寄ってきた小さな虫を、つり糸のようにたらした粘液でからめとってつかまえます。

▲ツチボタルと、つり糸のようにぶらさがった粘液。

パムッカレ　トルコ

真っ白な階段のように100以上も連なる石灰の棚。

トルコ有数の温泉地

パムッカレはトルコ西部の丘陵地帯にある、高さ約200mの石灰棚です。プールが何段も連なる段だん畑のようになっていて、温泉に足をひたすことができます。

パムッカレの丘の上にある古代ローマ帝国の遺跡からは、浴場のあとも見つかっています。パムッカレは、現在もトルコ有数の温泉地として有名です。

◀パムッカレはトルコ語で「綿の城」という意味。古代ローマ帝国の温泉保養地として栄えていた。

石灰棚はどうやってできるの？

パムッカレでは、地熱であたためられた石灰分の多い地下水が、丘からわき出ています。その温泉の石灰分が結晶化して積み重なり「石灰華」ができます。この石灰華がダムのようになり、温泉の流れをせきとめてプールがつくられるのです。

石灰華

▲石灰華を近くで見たところ。お湯が浅くたまっている。

天井にまたたく天の川？

ワイトモの洞窟は地下を流れる川によってつくられた。今も洞窟の中は地下水で満たされているため、ボートでめぐることができる。

空と大地がつながる鏡!?

まるで空の上を歩いているような、空と地面が一つになった景色。
標高3700mにあるウユニ塩湖は、天然の鏡のような湖。

雨季にだけ見られる水鏡

ウユニ塩湖は、ボリビアのアンデス山脈、標高3700mにある、世界でもっとも平らな場所です。塩湖とよばれていますが、おおむかし、湖だったあとにできた平原（塩原）です。11月～4月の雨季になると、塩原にはうすく水がはった状態になります。天気がよく、風がふいていないとき、この水が鏡のようになり、景色をうつすので、空と地上が一つになったように見えるのです。

| ウユニ塩湖 |
| ボリビア |

水のはったウユニ塩湖は「天空の鏡」ともよばれている。面積は1万582平方km、岐阜県とほぼ同じくらいの広大な塩原だ。

ウユニ塩湖はどうやってできたの？

　アンデス山脈は、もとは海底でしたが、地殻変動によって海水ごと地面がもり上がって山脈になりました。

　雨が降ると、山脈や大地にしみこんだ塩分をふくんだ水が流れてたまり、湖ができました。強い日ざしと乾燥によって湖の水が蒸発すると、塩だけが残って塩湖ができました。

　ウユニ塩湖にできた塩の厚さは、10m以上もあるといいます。

山脈に雨が降り、塩の溶けた水がたまって湖になる。

水分が蒸発して塩だけが残る。

砂漠にあらわれた、青い波!?

雪原のような真っ白な砂浜にあらわれた青い波の池。
雨季にだけ見られるその池は、魚やカエルなどのすみかになる。

「シーツ」の名前をもつ砂漠

レンソイス・マラニャンセスは、ブラジル北東部・マラニャン州にある海岸にそった広大な砂丘を中心とした国立公園です。まるで真っ白なシーツを広げたような砂漠の景色から、「マラニャン州のシーツ」という意味の名前がつけられました。

レンソイス・マラニャンセスは雨季になると、砂漠に水がわき出して池ができます。池は大きなもので、はば90m以上、深さ3mに達するものもあります。

レンソイス・マラニャンセス
ブラジル

真っ白な砂の正体は小さなガラスのようなつぶの「石英」。

レンソイス・マラニャンセスの砂丘は面積約1550平方km。東京23区の約2.5倍にもなる。砂丘の砂は石英というガラスのような鉱物で、太陽の光の反射で白く見える。

どうして池ができるの？

雨季にあたる1月〜6月になると、砂丘の下にある地下水の水位が上がり、池があらわれます。砂丘の谷になる部分に水がたまるので、波をうったような不思議な形の池がたくさんできあがるのです。

この池にはなんと生き物がすんでいます。メダカのなかまの魚は、乾燥に強いたまごの状態のまま砂の中で乾季をすごし、雨季になってできた池の水にふれると、卵からふ化します。

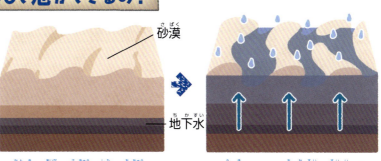

乾季の間は砂丘の下の地中に地下水がとどまる。

雨季になると地下水の水位が上がり、池があらわれる。

33

この地域にくらす先住民は、スポッテッドレイクを神聖な場所として、湖の水やどろを病気を治すためなどに利用していた。

大地に生まれた水玉もよう!?

スポッテッドレイク
カナダ

夏になるとあらわれる、ふしぎな湖。

水玉の正体は豊富なミネラル

スポッテッドレイクは、カナダ南西のオカナガン渓谷にある湖です。夏になると湖の水が蒸発して、湖面に青色や緑色の水たまりがたくさんあらわれます。

水にふくまれるカルシウムやマグネシウムなど、ミネラル成分のこさによって色が変わるため、水たまりひとつひとつ色がちがいます。水たまりをかこむ白い部分も、結晶化してかたくなったマグネシウムで、むかしはこの上を歩くことができました。

ヒリアー湖
オーストラリア

いちごミルクのようなピンク色！

ヒリアー湖の水は上空から見ると、いちごミルクのようなはっきりとしたピンク色だが、岸辺など近くで見ると、すき通った赤色。

▲ヒリアー湖に生息する藻類ドナリエラ。

オーストラリアの孤島にある色あざやかな湖。

生き物がつくるピンク色のひみつ

　ヒリアー湖は、オーストラリア南西の孤島、ミドル島の沿岸部にある湖です。湖の水がみごとなピンク色であることから、別名「ピンク・レイク」ともよばれます。湖は巨人の足あとのようなだ円形で、長辺が約600mあります。
　湖の水がピンク色になる原因は、「ドナリエラ」という藻類だと考えられています。海水の10倍以上の塩分濃度があるヒリアー湖の水と、ドナリエラのつくる色素が合わさって、あざやかなピンク色にそまるといわれます。

35

世界のカラフルな湖 いろいろ！

赤、青、緑など、世界には びっくりするほどカラフルな湖がたくさん！

ナトロン湖は、湖の底から炭酸ナトリウムをふき出すソーダ水の湖。

ナトロン湖
タンザニア・ケニア

血のように真っ赤な湖

タンザニアとケニアの国境にまたがるナトロン湖は、日中の気温が40度をこえる、とても暑く乾燥した場所にあります。赤い湖の正体は「アオコ」とよばれる藻類です。ふつうアオコは、池や湖の水面に緑色のこなをまいたように大量発生します。

ナトロン湖のアオコは緑色ではなく赤色なので、湖の水も赤くそまります。ナトロン湖は鳥のフラミンゴの繁殖地でもあります。この赤い藻を食べるため、フラミンゴの体はピンクになるのです。塩分濃度の高いナトロン湖は、ほかの動植物にとってはすごしにくい環境ですが、フラミンゴにとっては楽園です。

運城塩湖
中国

色あざやかな塩湖の水面に雲がうつりこむ幻想的な景色。

絵の具のパレットのような湖

運城塩湖は、中国内陸の山西省にあり、「中国の死海*」とよばれています。藻類が大量に発生する「藻類ブルーム」によって、湖の水の色が赤色、紫色、緑色など、パレットに絵の具を広げたようにカラフルな塩湖が連なっています。

面積は約132平方km、4600年をこえる歴史ある塩湖では、現在は工業用の塩がつくられています。

*死海は、中東にある塩湖。塩分濃度が海水の約10倍で、魚などの生き物が生息できないことから死海とよばれる。

デビルズバス
ニュージーランド

蛍光色の水が満ちる湖

ニュージーランドの北島にあるワイ・オ・タプには、デビルズバス（悪魔の風呂）という湖があります。ワイ・オ・タプは火山活動が活発で間欠泉や温泉が集まる地域です。

入浴剤を溶かしたような色は、湖の水がヒ素とよばれる農薬などに使われる物質を多くふくんでいて、太陽光の黄緑色を反射してうつりこむためです。水に溶けたヒ素の濃度によって、色のあざやかさも変わります。

ワイ・オ・タプは、マオリ語で「聖なる水」という意味だが、デビルズバスの湖水は人の皮ふを溶かしてしまうほどの強い酸性で、人がさわることはできない。

氷のかべにかこまれた青いトンネル⁉

厚い氷河の中を通りぬける洞窟。かべや天井すべてが、すき通るような青。

数百年前の氷の中へ

　メンデンホール洞窟は、アメリカ・アラスカ州のメンデンホール氷河の中にあります。
　氷河は、ふもとに近づくにつれて先端が溶けはじめます。雪どけ水が地面近くを流れて、氷河に穴があいて洞窟ができます。
　メンデンホール氷河は全長約20kmもの長い氷河ですが、地球温暖化の影響によって氷河が少しずつ後退しているといわれています。

メンデンホール洞窟
アラスカ(アメリカ)

洞窟の氷は、アラスカのジュノー氷原に数百年前につもった雪がこおってできたもの。メンデンホール氷河は、ジュノー氷原から流れる38本の氷河の一つ。

どうして洞窟の中は青いの?

冷蔵庫でつくった氷は、気泡が多くふくまれるので白く見えます。しかし、氷河の氷は、氷河の重みで圧縮されて、中の気泡などがぬけて透明度が高くなります。

太陽の光が氷河を通りぬけると、青以外の光は吸収されてしまいます。そのため、氷河を通りぬけた青い光が洞窟内に反射して、洞窟内が青くそまったように見えるのです。

39

水面から

モノ湖は、シエラネバダ山脈の盆地、標高約2000mの位置にあり、北アメリカ最古の湖の一つとされている。トゥファとよばれる石の柱は湖のほとりに集まっている。

アメリカでもっとも古いといわれる湖の一つ。
ふしぎな形の石の柱「トゥファ」がつくる絶景。

虫の名前をもつ湖

　モノ湖は、アメリカ・カリフォルニア州にある塩湖です。ふしぎな形をした岩の柱「トゥファ」は「トラバーチン」ともよばれ、建築材料として使われることもあります。トゥファはラテン語で「小さな穴があいた白い石」という意味です。
　「モノ」は先住民の言葉で虫の「ハエ」という意味で、モノ湖には、自分でつくった気泡で体をつつんで水中にもぐる能力をもつ「アルカリミギワバエ」というめずらしいハエが生息しています。

あらわれたゴツゴツ岩

モノ湖
アメリカ

建築資材として使われるものは「トラバーチン」とよばれ、大理石としてあつかわれる。世界遺産に登録されているイタリアの円形闘技場「コロッセオ」は、その大部分がトラバーチンでつくられている。

コロッセオ

トゥファはどうやってできたの？

モノ湖は、まわりの川から流れこんだ水がたまります。水分が蒸発して、塩分濃度が高くなり、湖は海水のおよそ3倍の濃度の水で満たされています。

その水中では、地下から石灰分を多くふくむ水がわき出し、そこから炭酸カルシウムが沈澱して積み重なるのをくり返し、トゥファが成長していきました。

1941年にロサンゼルス市水道局が、湖の水を水源として利用し、水位が下がったために、水中にあったトゥファがあらわれました。

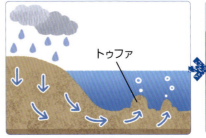

雨水が地面を通り、湖の水中で石灰分が溶けた水がわき出て、トゥファをつくる。

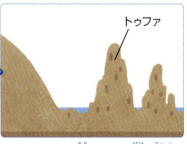

トゥファはどんどん大きくなる。湖の水位が下がって水面からトゥファが顔を出す。

41

アマゾン川
南アメリカ

熱帯雨林の中をぬうように流れる、曲がりくねった川。

世界最大の流域面積の川

アマゾン川は全長約6300km、ブラジルやペルー、ボリビアなど、南アメリカの熱帯雨林を流れる世界最大規模の川です。

流域面積*を合わせると、日本の面積の約19倍もあるといわれます。アマゾン川を流れる1日の水の量は、日本で一番長い信濃川（全長367km）1年分と同じくらいです。

*川に流れこむ雨水が集まる地域（流域）の面積のこと。集水地域ともいう。

どうして川がくねくねするの？

アマゾン川は強いカーブをえがくように曲がりながら流れます。川がカーブする場所の流れは、外側が速く、内側がおそくなります。この速度の違いによって、外側は岸や川底がけずられ、内側はれき（岩石の破片）や小石が積もります。そうしてカーブがどんどん深くなっていきます。

ぶきみであざやかな黄色い泉

ダロル地方はとても気温が高く、水が蒸発して塩が残る。エチオピアの人びとは現在も、ラクダをつれて岩塩を取り、市場まで運ぶ。

へびのようにくねくね曲がる川！

▲南アメリカ大陸を西から東へ横断するように流れるアマゾン川。川のまわりの熱帯雨林にくらす、めずらしい動物や植物の命を支える水源。

ダロル窪地
エチオピア・エリトリア

黄色の正体は鉱物！

エチオピアとエリトリアの国境付近にあるダロル地方には、海抜マイナス50mという世界でもっとも低いダロル火山があります。ダロル火山のまわりは窪地になっていて、いくつも池があり、ペンキでぬったようにあざやかな黄色い世界が広がっています。

黄色の正体は、間欠泉や温泉からわき出た水にふくまれる、塩分が結晶化したものに、硫黄などの鉱物の色がつくことでできています。

硫黄は卵がくさったような、どくとくのにおいがします。

▲黄色があざやかな硫黄の結晶。

43

海にあらわれた大きなうずまき！

うずしおをつくる潮流は最大で時速20kmになる。春と秋の大潮には、うずの大きさも最大で直径約30mにおよび、世界最大級といわれている。

淡路島と徳島県をむすぶ大鳴門橋の下、
竜巻などおきていないのに、海面にあらわれる白いうず。

鳴門のうずしお
日本（徳島県・兵庫県）

世界三大潮流に数えられるうずしお

　淡路島と四国の間、約1.3kmの鳴門海峡は、イタリアのメッシーナ海峡、カナダのセイモア海峡とならぶ「世界三大潮流」の一つです。
　鳴門海峡では、直径約30mのうずまく激流「うずしお」ができます。遊覧船で近づいて見ると、うずしおの大きさや、海水の立てるごう音が味わえます。

うずしおはどうやってできるの？

　鳴門海峡でうずしおが発生する原因は、潮の流れにあります。潮の満ち引きは、太陽や月の引力に関係していて、地球の自転で1日に満潮と干潮が交互に2回ずつおこります。
　太平洋側で満潮になったとき、紀伊水道に入った潮の波＊は、大阪湾方向と鳴門海峡方向の2つに分かれます。大阪湾をぬけた潮の流れは播磨灘へ入り、6時間ほどかけて淡路島を一周して鳴門海峡にぶつかりますが、この間に紀伊水道側は干潮をむかえます（図1）。
　鳴門海峡をはさんで満潮の播磨灘から干潮の紀伊水道へいきおいよく海水が流れこむと、海底がV字になった鳴門海峡では、中央の深いところでは速い流れ、岸に近い浅いところではゆっくり海水が流れ、その速度の差でうずしおができます（図2）。
　この満潮と干潮の時間のずれのくりかえしで、鳴門海峡では定期的にうずしおが見られるのです。

＊潮流や海流によっておきる波。

―鳴門海峡の潮の流れ― （図1）

―うずしおができるしくみ― （図2）

グレートブルーホール
ベリーズ

すいこまれそうな真っ青な穴！

すべてをすいこむブラックホールのような、底の見えない穴。そのおくには、サメがひそむ鍾乳洞が広がる。

サンゴ礁にかこまれた巨大穴

グレートブルーホールは、中央アメリカ東岸、カリブ海の小さな島国ベリーズの沖合にあります。直径約310mもの巨大な穴は、上空から見ると底が見えず真っ青。深さは約130mあります。グレートブルーホールのまわりをかこむサンゴ礁は、南北300kmにおよび、世界で2番目をほこります。

グレートブルーホールはどうやってできたの？

グレートブルーホールのまわりはサンゴ礁が発達した、石灰岩の厚い地層です。海面が下がって陸上に出た石灰岩は雨によって侵食されて地下に鍾乳洞ができました。鍾乳洞の侵食が進んで天井が落ちて大きな穴（ドリーネ・23ページ）ができたあと、ふたたび海面が上昇すると、穴も海にしずみました。

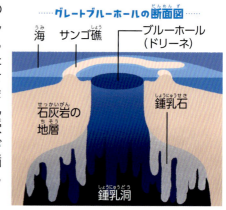

グレートブルーホールの断面図

46

ハロン湾
ベトナム

**大小さまざまな形の島がならぶハロン湾。
竜が舞いおりるという伝説の地。**

約1600の島じまがならぶ絶景

　ハロン湾は、ベトナム北東部、中国との国境近くにある湾です。「ハロン」とはベトナム語で「竜がおりる」という意味で、この地に竜が舞いおり、その竜の口から出された宝玉が島じまになったという伝説があります。

　ふしぎな形をした島は、石灰岩の台地が雨による侵食で割れ目ができて分かれ、さらに長い年月をかけて風雨や波によってけずられてできました。その後、海面の上昇によって根元が海中にしずみ、今の景観になりました。

ハロン湾を上空から見たようす。たくさんの島が点在していて、めいろのようになっている。

さくいん

・・・・・・・・・・・・・あ行・・・・・・・・・・・・・

アオコ ・・・・・・・・・・・・・・・・・・・・・・・・・・ 36
青の洞窟 ・・・・・・・・・・・・・・・・・・・・・・・・ 15
アマゾン川 ・・・・・・・・・・・・・・・・・ 42-43
アメリカ ・・・・・・・ 9、11、18、38-39、40-41
アラスカ（アメリカ） ・・・・・・・・・・・ 38-39
アルカリミギワバエ ・・・・・・・・・・・・・・ 40
アルゼンチン ・・・・・・・ 12-13、16-17、20-21
アンデス山脈 ・・・・・・・・・・・・・・・・・ 30-31
イエローストーン国立公園 ・・・・・・ 9、11
硫黄 ・・・・・・・・・・・・・・・・・・・・・・・・ 11、43
イギリス ・・・・・・・・・・・・・・・・・・・・・・・ 15
イグアスの滝 ・・・・・・・・・・・・・ 16-17、19
イタリア ・・・・・・・・・・・・・・・・・・・・・・・ 15
ヴィクトリアの滝 ・・・・・・・・・・・・・・・・ 19
ウユニ塩湖 ・・・・・・・・・・・・・・・・・・ 30-31
運城塩湖 ・・・・・・・・・・・・・・・・・・・・・・ 37
エチオピア ・・・・・・・・・・・・・・・・・・ 42-43
エリトリア ・・・・・・・・・・・・・・・・・・ 42-43
塩湖 ・・・・・・・・・・・・・・・・・・ 30-31、37
エンジェルフォール ・・・・・・・・・・・・・・ 18
オーストラリア ・・・・・・・・・・・ 26-27、35
オールド・フェイスフル・ガイザー ・・・・・・ 11
温泉 ・・・・・・・・・・・・ 10-11、28-29、43

・・・・・・・・・・・・・か行・・・・・・・・・・・・・

海食洞 ・・・・・・・・・・・・・・・・・・・・・・・・ 15
火山 ・・・・・・・・・・・・・・・・・・・・・・・・・・ 27
カナダ ・・・・・・・・・・・・・・・・・・・・・・・・ 34
間欠泉 ・・・・・・・・・・・・・・・・・ 10-11、43
環礁 ・・・・・・・・・・・・・・・・・・・・・・・・・・ 27
紀伊水道 ・・・・・・・・・・・・・・・・・・・・・・ 45
裾礁 ・・・・・・・・・・・・・・・・・・・・・・・・・・ 27
クエバ・ロス・クリスタレス ・・・・・・・ 4-5、6-7
グランド・プリズマティック・スプリング ・・・ 8-9、10
グレート・バリア・リーフ ・・・・・・・・・・ 26-27

グレートブルーホール ・・・・・・・・・・・・・・ 46
グローワーム洞窟 ・・・・・・・・・・・・・ 28-29
ケニア ・・・・・・・・・・・・・・・・・・・・・・・・ 36
玄武岩 ・・・・・・・・・・・・・・・・・・・・・・・・ 17
コロッセオ ・・・・・・・・・・・・・・・・・・・・・ 41

・・・・・・・・・・・・・さ行・・・・・・・・・・・・・

佐賀県 ・・・・・・・・・・・・・・・・・・・・・・・・ 15
砂丘 ・・・・・・・・・・・・・・・・・・・・・・・ 32-33
サンゴ礁 ・・・・・・・・・・・・・・・・ 26-27、46
ザンビア ・・・・・・・・・・・・・・・・・・・・・・・ 19
死海 ・・・・・・・・・・・・・・・・・・・・・・・・・・ 37
信濃川 ・・・・・・・・・・・・・・・・・・・・・・・・ 42
鍾乳石 ・・・・・・・・・・・・・・・・・・・・・・・・ 23
鍾乳洞 ・・・・・・・・・・・・・・・・・・・・・・・・ 46
称名滝 ・・・・・・・・・・・・・・・・・・・・・・・・ 18
侵食 ・・・・・・・・・・・・・ 14-15、25、46-47
ジンバブエ ・・・・・・・・・・・・・・・・・・・・・ 19
スポッテッドレイク ・・・・・・・・・・・・・・・ 34
世界三大潮流 ・・・・・・・・・・・・・・・・・・・ 45
石英 ・・・・・・・・・・・・・・・・・・・・・・・・・・ 33
石筍 ・・・・・・・・・・・・・・・・・・・・・・・・・・ 23
石柱 ・・・・・・・・・・・・・・・・・・・・・・・・・・ 23
石灰華 ・・・・・・・・・・・・・・・・・・・・・・・・ 29
石灰華段 ・・・・・・・・・・・・・・・・・・・・・・ 23
石灰岩 ・・・・・・・・・・・・・・・・・・・・ 25、46
石膏 ・・・・・・・・・・・・・・・・・・・・・・・・・・・ 7
セノーテ ・・・・・・・・・・・・・・・・・・・・ 24-25
セレナイト ・・・・・・・・・・・・・・・・ 4-5、6-7
藻類ブルーム ・・・・・・・・・・・・・・・・・・・ 37
ソンドン洞窟 ・・・・・・・・・・・・・・・・・ 22-23

・・・・・・・・・・・・・た行・・・・・・・・・・・・・

大理石 ・・・・・・・・・・・・・・・・・・・・・ 12-13
滝 ・・・・・・・・・・・・・・・・・・ 16-17、18-19
滝つぼ ・・・・・・・・・・・・・・・・・・・・ 17、18
滝の落差くらべ ・・・・・・・・・・・・・・・・・・ 18

ダロル窪地 …………………… 42-43	氷山 …………………………… 21
タンザニア ……………………… 36	ヒリアー湖 ……………………… 35
炭酸カルシウム ……… 11、41	ピンク・レイク ………………… 35
中国 ……………………………… 37	フィンガルの洞窟 ……………… 15
柱状節理 ………………………… 15	ブラジル ……… 16-17、32-33、42
チリ …………………………… 12-13	フラミンゴ ……………………… 36
ツチボタル ……………………… 28	ベトナム …………… 22-23、47
デビルズバス …………………… 37	ベネズエラ ……………………… 18
洞窟……4-5、6-7、12-13、14-15、22-23、	ベリーズ ………………………… 46
24-25、28-29、38-39	ペリト・モレノ氷河 ………… 20-21
トゥゲラ滝 ……………………… 18	ペルー …………………………… 42
トゥファ ……………………… 40-41	堡礁 ……………………………… 27
徳島県 …………………………… 45	ボリビア ……………… 30-31、42
ドナリエラ ……………………… 35	……………… ま行 ………………
富山県 …………………………… 18	マーブル・カテドラル ……… 12-13、14
トラバーチン ………………… 40-41	マッドボルケーノ ……………… 11
ドリーネ ……………… 23、25、46	マンモス・ホット・スプリングス ………… 11
トルコ ………………………… 28-29	南アメリカ ……………… 42-43
……………… な行 ………………	メキシコ …………… 4-5、24-25
ナイアガラの滝 ………………… 19	メンデンホール洞窟 ………… 38-39
ナイカ鉱山 ………… 4-5、6-7	モシ・オア・トゥニャ …………… 19
ナトロン湖 ……………………… 36	モノ湖 ………………………… 40-41
七ツ釜洞窟 ……………………… 15	……………… や行 ………………
鳴門海峡 ………………………… 45	ユカタン半島 ………………… 24-25
鳴門のうずしお …………… 44-45	ヨセミテ滝 ……………………… 18
ニュージーランド ……… 28-29、37	……………… ら行 ………………
……………… は行 ………………	硫酸カルシウム ………………… 7
バクテリア（微生物） ………… 9、10	レンソイス・マラニャンセス ……… 32-33
パムッカレ …………………… 28-29	……………… わ行 ………………
播磨灘 …………………………… 45	ワイトモ ……………………… 28-29
波浪による侵食 ……………… 14-15	
ハロン湾 ………………………… 47	
ヒ素 ……………………………… 37	
氷河 ………………… 20-21、38-39	
兵庫県 …………………………… 45	

●監修　井田仁康（いだ よしやす）

1958年東京都生まれ。筑波大学名誉教授。社会科教育・地理教育の実践的研究を専門とし、日本社会科教育学会長、日本地理教育学会長を歴任、現在は日本地理学会長。編著に『世界の今がわかる「地理」の本』（三笠書房）、『13歳からの世界地図』（幻冬舎）、『日本の自然と人びとのくらし』（岩崎書店）などがある。

- ●イラスト ─── いわにしまゆみ・森永みぐ
- ●装丁・デザイン ── 坂田良子
- ●校　　正 ─── 滄流社
- ●編　　集 ─── グループ・コロンブス
- ●写　　真 ─── アフロ・PIXTA

びっくり！行きたい！知りたい！世界の大自然 ❷水の絶景

2025年2月28日　第1刷発行

監　修	井田仁康
発行者	小松崎敬子
発行所	株式会社岩崎書店
	〒112-0014 東京都文京区関口2-3-3 7F
電　話	03-6626-5080（営業）／03-6626-5082（編集）
印　刷	株式会社東京印書館
製　本	大村製本株式会社

©2025 Group Columbus
Published by IWASAKI Publishing Co., Ltd. Printed in Japan
NDC 450 ISBN 978-4-265-09238-3
29×22cm 50P

岩崎書店ホームページ　https://www.iwasakishoten.co.jp
ご意見・ご感想をお寄せください。
info@iwasakishoten.co.jp

落丁本・乱丁本は小社負担にておとりかえいたします。
本書のコピー、スキャン、デジタル化等の無断複製は著作権法上での例外を除き禁じられています。本書を代行業者等の第三者に依頼してスキャンやデジタル化することは、たとえ個人や家庭内での利用であっても一切認められておりません。朗読や読み聞かせ動画での配信も著作権法で禁じられています。